Mein erster TIERATLAS

Originaltexte von Marco Spada
Illustrationen von Maria Mantovani

Nelson

Landschaften

Auf unserer Erde gibt es viele verschiedene Landschaftsformen, wie Wälder, Gebirge, Steppen oder Wüsten.

Die Kalifornische Wüste

In dieser Steinwüste ist es sehr heiß. Es regnet so selten, dass hier nur wenige Tierarten leben können. Die einzigen Pflanzen, die hier wachsen, sind Kakteen.

Die Afrikanische Wüste

Die Sahara ist die größte Wüste der Erde. Tagsüber ist es so heiß, dass man es als Mensch kaum aushalten kann. Die wenigen Tiere, die hier leben, gehen meist nachts auf Nahrungssuche und haben gelernt, mit sehr wenig Wasser auszukommen.

Die Rocky Mountains

Diese Gebirgskette trennt den Westen der USA vom Osten. Die Gipfel sind meist von Schnee bedeckt. Hier leben Grizzlybären, Pumas und Biber.

Die Savanne

Die Savanne ist eine große Grasebene, die sich durch die Mitte Afrikas erstreckt. Zwischen der Trockenzeit und der Regenzeit legen die Tiere, die hier leben, große Wanderungen zurück.

Der Amazonas-Regenwald

Der Amazonas ist der zweitlängste Fluss der Erde und fließt durch einen riesigen, tropischen Regenwald. Weil das Klima warm und feucht ist, leben hier sehr viele verschiedene Tier- und Pflanzenarten.

Die Anden

In der Gebirgskette der Anden gibt es Hochebenen, aktive Vulkane und Seen in großen Höhen. Hoch oben ist die Luft sehr dünn, darum können dort nur einige spezialisierte Tierarten leben.

Outback und Wälder

Als Outback bezeichnet man die Landschaft in der Mitte Australiens, die aus Wüsten und Steppen besteht. An der Küste wachsen Eukalyptuswälder, in denen Koalabären leben.

Die Polargebiete

Am Nord- und Südpol kann die Temperatur auf unter –50 °C sinken. Dort können nur wenige Tierarten überleben.

Der Indische Dschungel

Dichte Urwälder nehmen einen großen Teil der indischen Halbinsel ein. Im Winter ist das Klima recht trocken, aber während der Monsun-Saison regnet es viel.

Sumpfgebiete

Sümpfe und feuchte Küstenzonen gibt es auf allen Kontinenten. In diesen Landschaften leben besonders viele verschiedene Vogelarten, weil sie hier reichlich Nahrung und geschützte Plätze finden.

Die Alpen

In diesem europäischen Gebirge leben oberhalb der Baumgrenze Murmeltiere, Damwild und Gämsen. Früher streiften hier auch Wölfe umher. Weil Wölfe aber selten geworden sind, haben sich die Gämsen stärker vermehrt.

Laub- und Nadelwälder

In Nordeuropa wachsen große Nadelwälder, im Süden bestehen die Wälder meist aus Laubbäumen. Wälder bieten generell vielen Tieren Lebensraum.

Der Himalaja

In diesem Gebiet liegen die höchsten Berge der Erde. An den unteren Hängen dieser Gebirge leben Yaks und Schneeleoparden.

Der Ferne Osten

In den feuchten Hügeln im Süden Chinas leben Pandas, die sich von Bambus ernähren.

Lebensräume

Wenn an einem Ort günstige Klimabedingungen herrschen und ausreichend Nahrung vorhanden ist, siedeln sich sofort Tiere und Pflanzen an, und es entsteht eine Nahrungskette. Pflanzen dienen Pflanzenfressern als Nahrung, die wiederum von Fleischfressern gejagt werden. Wird dieses empfindliche Gleichgewicht aber gestört, kann das ganze Ökosystem durcheinandergeraten.

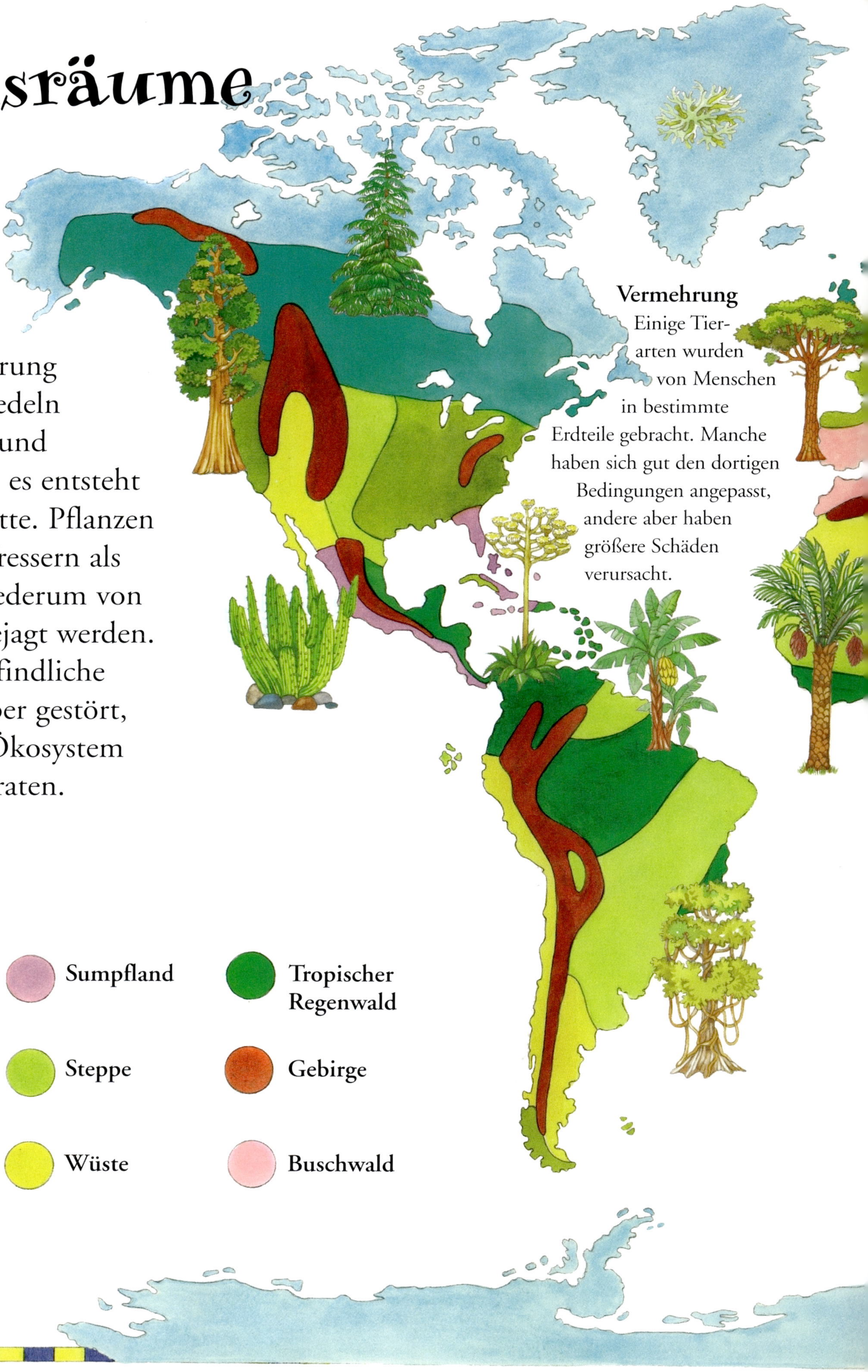

Vermehrung
Einige Tierarten wurden von Menschen in bestimmte Erdteile gebracht. Manche haben sich gut den dortigen Bedingungen angepasst, andere aber haben größere Schäden verursacht.

- Polargebiete
- Sumpfland
- Tropischer Regenwald
- Nadelwälder
- Steppe
- Gebirge
- Laubwälder
- Wüste
- Buschwald

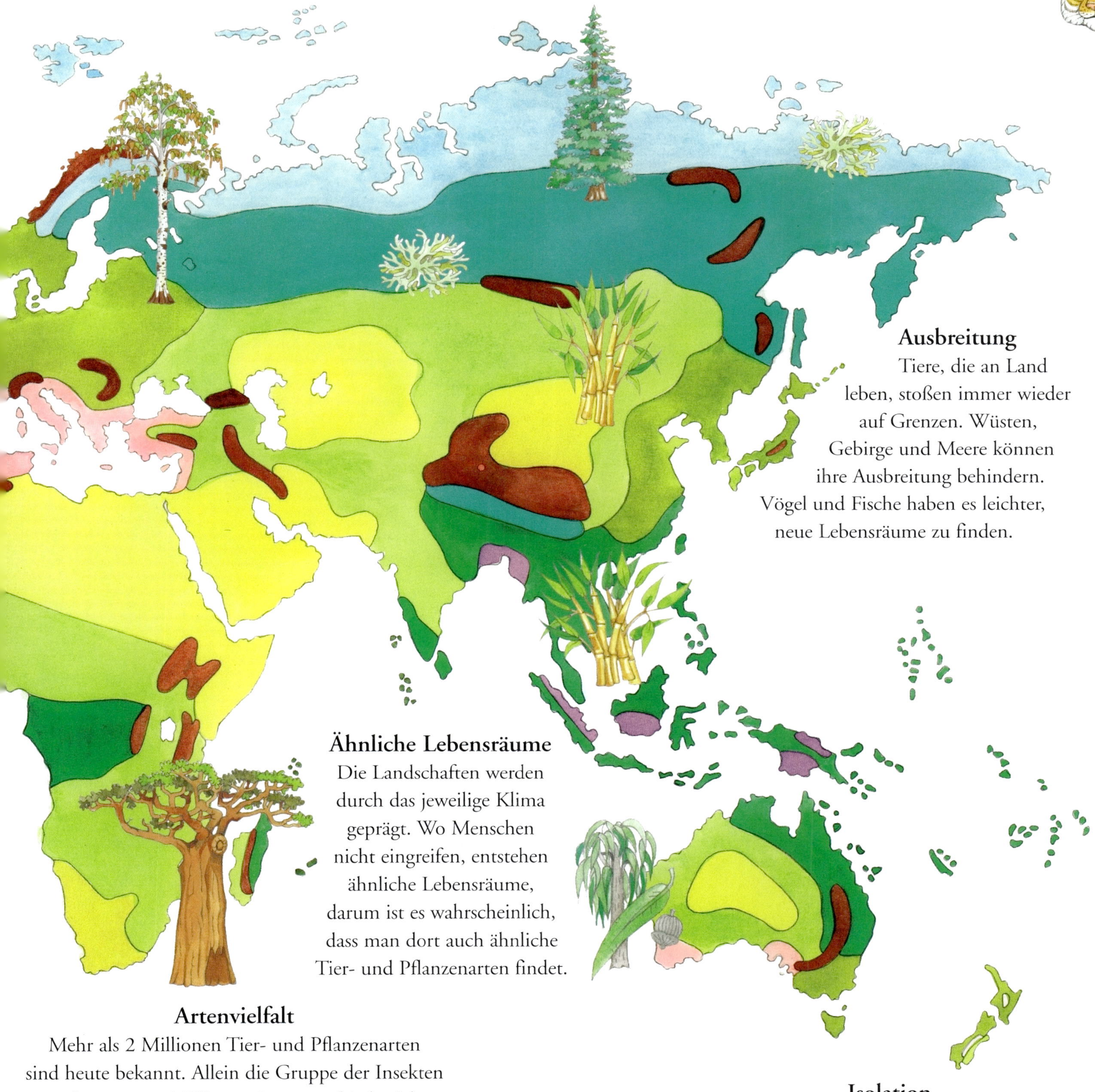

Ausbreitung

Tiere, die an Land leben, stoßen immer wieder auf Grenzen. Wüsten, Gebirge und Meere können ihre Ausbreitung behindern. Vögel und Fische haben es leichter, neue Lebensräume zu finden.

Ähnliche Lebensräume

Die Landschaften werden durch das jeweilige Klima geprägt. Wo Menschen nicht eingreifen, entstehen ähnliche Lebensräume, darum ist es wahrscheinlich, dass man dort auch ähnliche Tier- und Pflanzenarten findet.

Artenvielfalt

Mehr als 2 Millionen Tier- und Pflanzenarten sind heute bekannt. Allein die Gruppe der Insekten umfasst etwa 1 Millionen Arten, und jedes Jahr werden Tausende neuer Arten entdeckt.

Isolation

Manche Kontinente haben seit Millionen von Jahren keine Landverbindung zu anderen Erdteilen. Auf manchen von ihnen haben sich Tier- und Pflanzenarten entwickelt, die es woanders nicht gibt. Kängurus beispielsweise leben nur in Australien.

Bedrohte Tierarten

Sammler

Kleine Tiere, vor allem exotische und seltene Arten, werden oft von Sammlern gejagt. Auch dadurch ist das Überleben dieser Tierarten in der Natur gefährdet.

Abholzung

Viele Tierarten sterben aus, weil große Flächen des tropischen Regenwaldes abgeholzt werden. Diese Wälder sind die „grüne Lunge“ der Erde. Im Laufe der letzten 50 Jahre ist ihre Fläche um etwa die Hälfte geschrumpft.

Tierparadies

Die Galapagos-Inseln im Pazifischen Ozean sind eines der letzten Naturparadiese. Die Inselgruppe liegt weit von der Küste und den menschlichen Siedlungen entfernt und ist dadurch gut geschützt. Hier leben viele einzigartige Tierarten.

Tierfelle

Viele Tierarten werden gejagt, weil man ihre Felle für viel Geld verkaufen kann. Verschiedene Großkatzen, Chinchillas und Zobel sind deshalb ernsthaft bedroht. Auch Krokodile wurden wegen ihrer Haut getötet. Heute ist der Handel mit Krokodilleder verboten.

Verschmutzte Meere

Öltanker, die ihre Tanks auf dem Meer reinigen, können schwere Umweltschäden verursachen. Das Öl verklebt die Federn von Meeresvögeln, sodass sie nicht mehr fliegen können und verhungern müssen.

Tierhörner und -zähne

Elefanten wurden früher wegen ihrer Stoßzähne aus Elfenbein gejagt. Aus den Hörnern von Nashörnern stellte man in Asien Heilmittel her. Beide Tiere sind vom Aussterben bedroht und stehen heute unter Artenschutz.

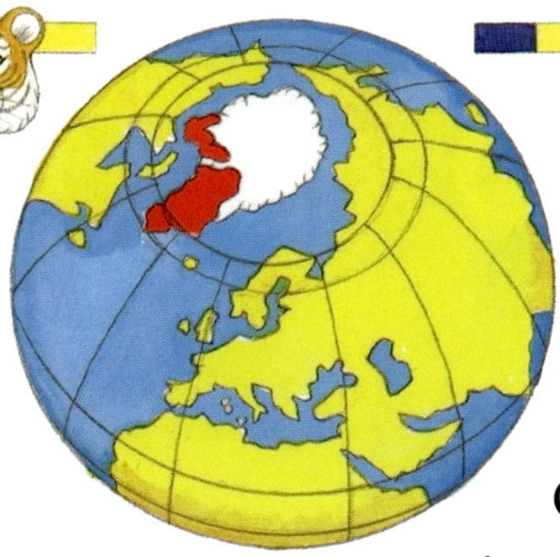

Die Arktis

Obwohl es in der Arktis sehr kalt ist, leben hier viele verschiedene Tierarten. Das kalte Wasser des Nordpolarmeers ist fischreich. Seehunde und Walrösser bringen auf dem Packeis ihre Jungen zur Welt, Eisbären gehen auf die Jagd. Narwale und Weißwale jagen im Wasser nach Kabeljau und Kraken. Im kurzen Sommer kommen viele Vögel, um an den Küsten der Arktischen Inseln zu brüten. In der Tundra, die sich ans Packeis anschließt, leben Polarfüchse, Moschusochsen und Rentiere, denen Kälte wenig ausmacht.

Der Elch

Elche leben in den Wäldern Nordeuropas und Nordamerikas. Sie waten durch Sümpfe und Seen und fressen Pflanzen, die im Wasser wachsen. Die männlichen Tiere sind groß – sie können eine Schulterhöhe von 2 Metern erreichen.

Der Eisbär

Eisbären fressen hauptsächlich Seehunde und Robben. Um Energie zu sparen, schlafen sie sehr viel. Die Weibchen graben im Herbst eine Höhle in den Schnee. Im November kriechen sie hinein und kommen im April mit den Jungen, die im Winter geboren werden, wieder heraus.

Der Lemming

Lemminge sind sehr aktive Tiere. Im Winter graben sie unterirdische Tunnel und kommen erst hervor, wenn es zu tauen beginnt und das Tauwasser in ihre Gänge eindringt. Im Sommer gehen sie auf große Wanderung.

Der Narwal

Das „Horn" des männlichen Narwals kann bis zu 3 Meter lang werden. Es ist eigentlich ein Zahn, der nicht zu wachsen aufhört.

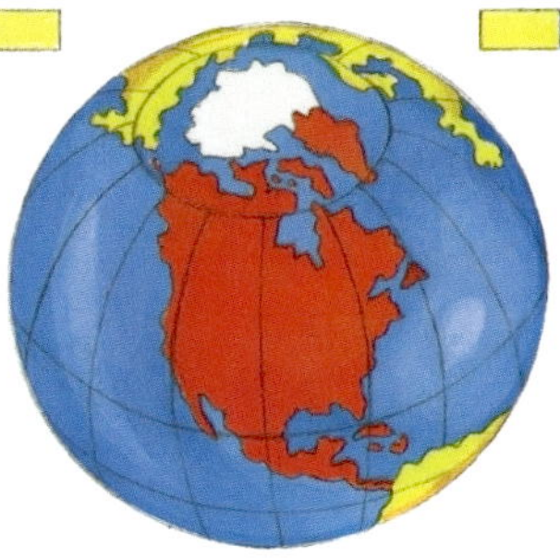

Nordamerika

Auf dem nordamerikanischen Kontinent gibt es viele unterschiedliche Lebensräume. Auf den Eisflächen von Alaska im Norden leben Eisbären, Elche, Füchse und Moschusochsen. In den Rocky Mountains gehen Grizzlybären, Pumas und Luchse auf die Jagd nach Ziegen und Mufflons. Rings um die großen Seen leben Biber, und auf der weiten Prärie weiden Bisons. In den steinigen Wüsten findet man Klapperschlangen, Vogelspinnen und Eidechsen. Weiter südlich liegen die sumpfigen Everglades und der tropische Regenwald Mittelamerikas.

Der Grizzly
Der braune Riese gilt als gefährlichster Bär der Welt. Er ist ein geschickter Jäger und kann Tiere bis zur Größe eines Elchs töten.

Kojote

Das Gila-Monster
Das Gila-Monster geht nur nachts auf Jagd. Sein breiter Schwanz dient ihm als Fettreserve, von der es mehrere Monate lang zehren kann.

Der Biber
Biber sind Nagetiere, die Bäume fällen können, um daraus Dämme in Flüssen zu bauen. Darunter legen sie ihr Nest an, dessen Eingang immer unter Wasser liegt.

Der Moschusochse

Die riesigen Moschusochsen leben in Herden zusammen, um sich besser gegen Wölfe und andere Räuber verteidigen zu können. Außerdem wärmen sie sich bei Kälte gegenseitig.

Der Rennkuckuck

Der Rennkuckuck fliegt nicht gern, kann aber sehr schnell laufen (bis 30 km/h). Berühmt geworden ist er als Comicfigur mit dem Namen *Road Runner*.

Der Quetzal

Der Quetzal hat im Verhältnis zu seinem Körper einen enorm langen Schwanz. Der ganze Vogel ist 90 cm lang, der Schwanz allein 60 cm. Seine Federn schillern im Sonnenlicht in allen Farben.

Südamerika

Im Norden Südamerikas liegt der berühmte Amazonas-Regenwald mit seiner großen Artenvielfalt. Ganz im Süden in Feuerland leben Magellan-Pinguine. Kolibris sind von den Anden bis zum Amazonas zu finden. In Südamerika leben einige außergewöhnliche Tiere, wie das Gürteltier, der Ameisenbär oder das unglaublich langsame Faultier. Die Ausbreitung der Städte, Straßen und Landwirtschaft sorgen jedoch dafür, dass einige Lebensräume immer kleiner werden.

Die Galapagos-Inseln

Hier leben einige sehr ungewöhnliche Tierarten. Der Galapagos-Leguan ist der einzige Leguan, der schwimmen kann. Der Galapagos-Kormoran kann nicht fliegen, ist aber ein geschickter Schwimmer. Auf den einzelnen Inseln haben sich Riesenschildkröten mit verschiedenen Merkmalen entwickelt.

Pinguin

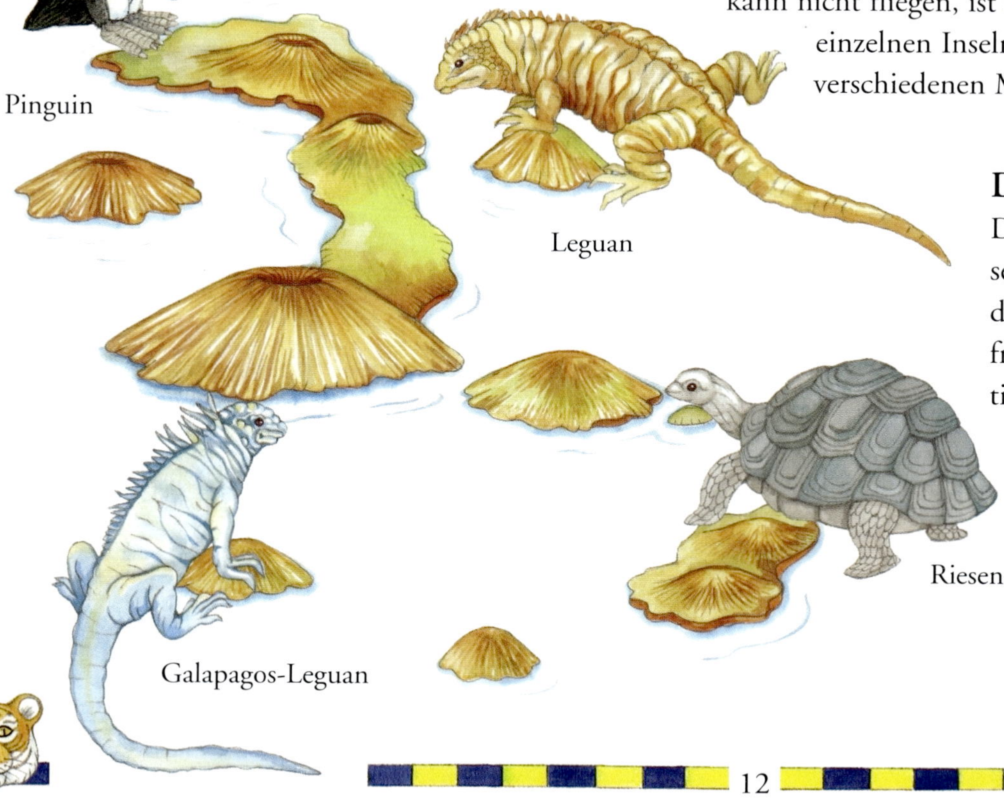

Der Leguan

Der Galapagos-Leguan ist ein sehr guter Schwimmer. Auf der Suche nach Algen, die er frisst, kann er bis 10 Meter tief tauchen.

Jaguar

Der Jaguar

Der Jaguar ähnelt dem Panther, ist aber etwas größer und hat ein braunes Fell. Wie alle Katzen kann er auf Bäume klettern. Einer indianischen Legende zufolge benutzt er seinen Schwanz zum Fischen. Das stimmt vielleicht nicht, aber Fische frisst er gern.

Piranhas

Der Piranha

Diese berüchtigten Fische werden bis zu 60 cm lang. Sie ernähren sich von anderen Fischen und von Aas, das sie mit ihren starken Kiefern und den rasiermesserscharfen Zähnen zerbeißen. Ein einzelner Piranha ist nicht besonders gefährlich, aber eine Gruppe kann sehr aggressiv sein.

Der Nandu

Der Nandu, der mit dem Vogel Strauß verwandt ist, hat an jedem Fuß drei Zehen. Die Weibchen legen grüne Eier, die von den Männchen ausgebrütet werden.

Der Magellan-Pinguin

Diese Pinguinart lebt in Patagonien und nahe der Magellan-Straße, einer Meerenge.

Europa

Im Norden Europas erstrecken sich riesige Nadelwälder bis hinauf zur Arktis. Weil sie auch im Winter ihre Nadeln nicht abwerfen, finden hier viele Tiere Schutz, die Kälte gut vertragen: Bären, Vielfraße und Zobel. Weiter südlich sind Mischwälder der Lebensraum von Nagetieren, Dachsen, Füchsen und Vögeln. In den Gebirgen des Balkans findet man vereinzelt Braunbären und Wolfsrudel. Viele Zugvögel legen auf ihrer Reise in den Süden Zwischenstopp an den Küsten des Mittelmeers ein.

Die Alpen

Im Gebiet der Alpen gibt es einige große Naturschutzgebiete. In deren tieferen Lagen sind Hasen, Kaninchen und andere Nagetiere die natürliche Beute von kleinen Fleischfressern. Oberhalb der Baumgrenze leben vor allem Steinböcke, Gämsen und Murmeltiere.

Der Hermelin

Der Hermelin ist ein kleiner Fleischfresser. Im Sommer ist sein Fell auf dem Rücken braun und am Bauch weiß. Im Winter färbt sich das ganze Fell weiß, nur die Schwanzspitze ist das ganze Jahr über schwarz.

Die Fledermaus

Die Fledermaus ist das einzige Säugetier, das fliegen kann. Obwohl es in Gruselgeschichten heißt, Fledermäuse seien Blutsauger oder Fleischfresser, ernähren sie sich von Insekten. Fledermäuse halten Winterschlaf.

Rings ums Mittelmeer

Im Buschwerk der Mittelmeerregion leben Igel, Wildschweine und kleine Säugetiere. Viele Zugvögel machen hier Rast. Im Mittelmeer kann man manchmal Delfine und sehr selten eine Mönchsrobbe sehen.

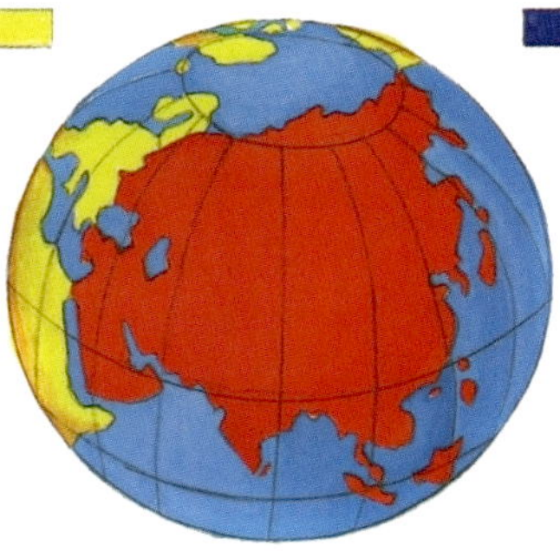

Asien

Unter den Tieren Asiens gibt es viele Arten, die nirgends sonst auf der Welt zu finden sind. Im Sommer finden sich im äußersten Norden viele Zugvögel ein. Zobel, Vielfraße, Hermeline und Rentiere leben in den kalten Wäldern, in Mittelasien sieht man Trampeltiere und Onager. Selbst im eisigen Himalaja-Gebirge leben Tiere: Bären, Schneeleoparden oder Yaks. Im Süden leben unter den Regenwald-Baumriesen viele Vögel und kleine Tiere.

Arabische Pferde

Von der Arabischen Halbinsel stammen die schnellsten Pferde der Erde. Heutzutage werden sie hauptsächlich als Rennpferde gezüchtet.

Riesenpanda

Der Panda

In den Bambuswäldern Mittelchinas leben nur noch wenige Riesenpandas. Diese Tierart, die schon seit Jahren vom Aussterben bedroht ist, wurde zum Symbol für den WWF, den *World Wide Fund for Nature*, der sich um den Artenschutz der Tiere weltweit bemüht. Pandas ernähren sich von jungen Bambustrieben. Weil diese wenig Nährstoffe enthalten, müssen sie sehr viele davon fressen.

Der Ganges-Gavial

Der Gavial gehört zur Familie der Krokodile, von denen er sich aber durch seine schmalere Schnauze unterscheidet. Er kann bis zu 160 Zähne haben und bis 6 Meter lang werden. Seine Nahrung sind Fische.

Ganges-Gavial

Das Flughörnchen

Flughörnchen tragen zwischen den Vorder- und Hinterbeinen eine Haut, die sie aufspannen, wenn sie aus einem Baum abspringen. So können sie bis zu 35 Meter weit durch die Luft gleiten. Weil sie nachtaktiv sind, kann man sie nur selten beobachten.

Der Nasenaffe

Der Nasenaffe trägt seinen Namen wegen seiner dicken Nase, die sich rot färbt, wenn er wütend ist. Die Nase der Weibchen ist kleiner als die der Männchen. Diese Affen leben nur in den Urwäldern Borneos.

Elefant und Nashorn

In Indien und seinen Nachbarländern leben Elefanten und Nashörner. Der Indische Elefant sieht seinem afrikanischen Verwandten ähnlich, ist aber kleiner. Das Indische Nashorn trägt nur ein Horn und hat eine raue, runzelige Haut.

Afrika

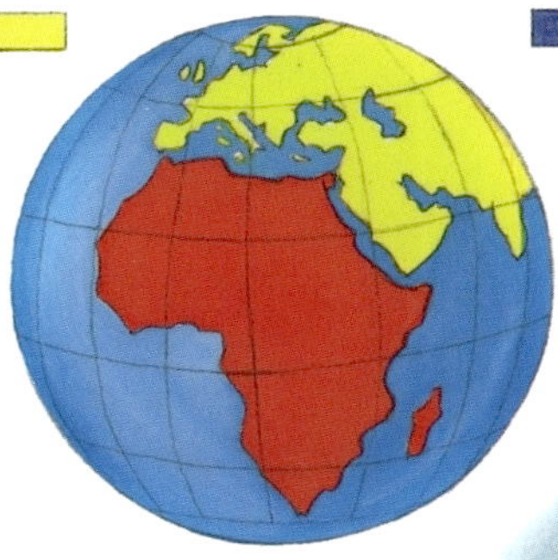

Afrika ist der zweitgrößte Kontinent der Erde. Das Land ist ein riesiges Plateau mit Wüsten, Savannen und tropischen Regenwäldern, in denen viele verschiedene Tierarten leben. Sehr große Fleisch- und Pflanzenfresser sind hier zu Hause. In der Savanne streifen Elefanten, Nashörner, Giraffen und Löwen umher. Flusspferde fühlen sich im Wasser der großen Flüsse wohl. Weil Regenzeit und Trockenzeit einander abwechseln, müssen große Herden von Pflanzenfressern riesige Wanderungen unternehmen, um Wasser und Nahrung zu finden. Die wenigen Tiere, die in der Wüste leben, kommen nur nachts hervor, wenn es kühler ist.

Der Löwe

Das größte Raubtier der Savanne lebt in Gruppen mit einem oder mehreren Männchen, mehreren Weibchen und Jungen zusammen. Junge Männchen müssen die Gruppe verlassen, wenn ihre Mähne zu wachsen beginnt. Tagsüber ruhen die Großkatzen sich im Schatten von Akazien aus. Abends gehen die Weibchen auf Jagd nach Antilopen, Zebras und Gnus.

Der Berggorilla

Der Berggorilla ist der größte Affe. Ausgewachsene Männchen können bis 2 Meter groß und 250 kg schwer werden. Die sanften Riesen leben in Gruppen von 5 bis 30 Tieren zusammen. Berggorillas sind vom Aussterben bedroht.

Das Erdferkel

Erdferkel ernähren sich nur von Ameisen und Termiten, deren Baue sie mit ihrem Maul durchwühlen. Sie leben allein in Erdbauen.

Das Dromedar

Das Dromedar trägt auf dem Rücken einen Höcker, der ihm als wertvoller Energievorrat dient. So kann es sehr lange ohne Nahrung und Wasser auskommen.
Wenn es ein Wasserloch erreicht, kann es bis zu hundert Liter in einem Zug saufen.

Der Katta

Kattas gehören zur Art der Lemuren. Diese kleinen Affen leben in Gruppen und ernähren sich von Blättern und Früchten. Ihr Revier kennzeichnen sie mit Duftmarken.
In der Paarungszeit bespritzen sich die Männchen auch ihre Schwänze mit diesen Duftstoffen. Dann kommt es oft zu Kämpfen.

Ozeanien

Zu Ozeanien gehören neben Australien viele kleine Inseln. Australien selbst ist so groß wie ein Kontinent. In der Mitte liegen Wüsten und Steppen, aber die Küsten sind dichter bewachsen. In den Wäldern leben einzigartige Tierarten, wie der Koala, ein kleines Beuteltier, das sich ausschließlich von Eukalyptusblättern ernährt. Am Äquator im Norden findet man prächtige Paradiesvögel. Der Emu kann nicht fliegen, aber so schnell laufen wie ein Strauß. Auch der Kasuar und der Kiwi sind Vögel, die nicht fliegen können. Eines der sonderbarsten Geschöpfe ist das Schnabeltier.

Riesenkänguru

Das Känguru

Das Riesenkänguru hat kräftige Hinterbeine und bewegt sich mit großen Sprüngen vorwärts. Erwachsene Männchen können in einem Satz bis zu 8 Meter weit springen. Die Weibchen tragen die Jungen im Bauchbeutel, bis sie für sich selbst sorgen können. In Australien leben auch einige andere Arten von Beuteltieren.

Der Tasmanische Teufel

Dieses Beuteltier von der Größe eines Hundes ist ein aggressiver Fleischfresser. Er ernährt sich hauptsächlich von Aas, greift aber keine Menschen an. Nur wenn er sich bedroht fühlt, verteidigt er sich und zeigt die Zähne.

Paradiesvogel

Das Schnabeltier

Das Schnabeltier ist ein Säugetier mit einem Schnabel ohne Zähne. Es hat einen Schwanz und schaufelartige Vorderpfoten, mit denen es sich fortbewegt und Baue gräbt. Obwohl ein Säugetier, legt dieses seltsame Tier Eier.

Der Schwarzschwan

Schwarz- oder Trauerschwäne stammen aus Australien und Tasmanien.

Der Kiwi

Der Vogel mit dem langen Schnabel kann nicht fliegen. Sein Gefieder sieht aus wie ein zotteliges Fell.

Die Antarktis

Der große Kontinent der Antarktis ist ständig von Eis bedeckt. Nur an den Küsten schaut etwas Land aus dem Weiß hervor. Zugvögel nisten an diesen Küsten, an denen Moos und Flechten wachsen. Im Meer gibt es viel Krill, kleine Krebstierchen, darum finden Blauwale, Orcas, Seehunde und Pinguine hier reichlich Nahrung.

Der Blauwal

Der Blauwal ist das größte Tier der Erde. Er kann bis zu 30 Meter lang und 120 Tonnen schwer werden. Im Sommer schwimmen die Blauwale in die Antarktis, um sich am Krill satt zu fressen. Ehe die Säugetiere ihre Jungen zur Welt bringen, ziehen sie in wärmere Gewässer.

Der Kaiserpinguin

Kaiserpinguine verbringen den größten Teil ihres Lebens im Meer, nur zur Aufzucht der Jungen kommen sie an Land. Die Vögel bauen keine Nester. Sie legen pro Jahr nur ein Ei, das die Männchen zwischen den Füßen und Hautlappen am Bauch warm halten und ausbrüten. Die Weibchen gehen derweil auf Fischfang.

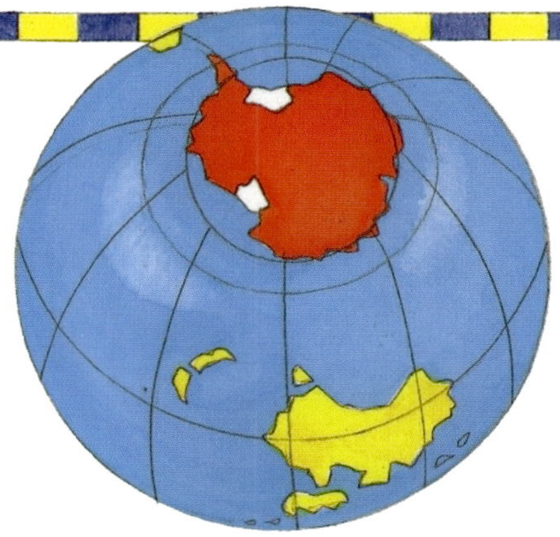

Krill

Krill sind kleine Krebstierchen von 6-7 cm Länge, die riesige Kolonien bilden. Sie sind das erste Glied in der Nahrungskette der Meere.

Der Seeelefant

Männliche Seeelefanten können den Vorsprung an ihrer Nase aufblasen, um Rivalen oder Feinde einzuschüchtern. Die großen Säugetiere werden bis zu 6 Meter lang.

An Land bewegen sie sich plump, aber sie sind ausgezeichnete Schwimmer. Seeelefanten liegen gern am Ufer und lassen sich von der Sonne wärmen.

Inhalt

2-3 Landschaften

Lebensräume 4-5

6-7 Bedrohte Tierarten

Die Arktis 8-9

10-11 Nordamerika

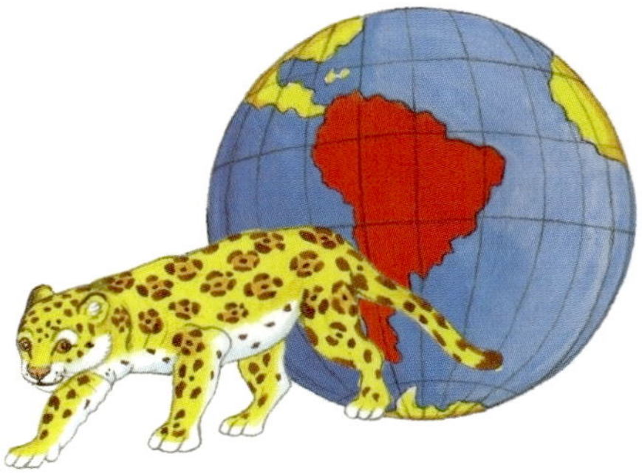

Südamerika 12-13

14-15 Europa

Asien 16-17

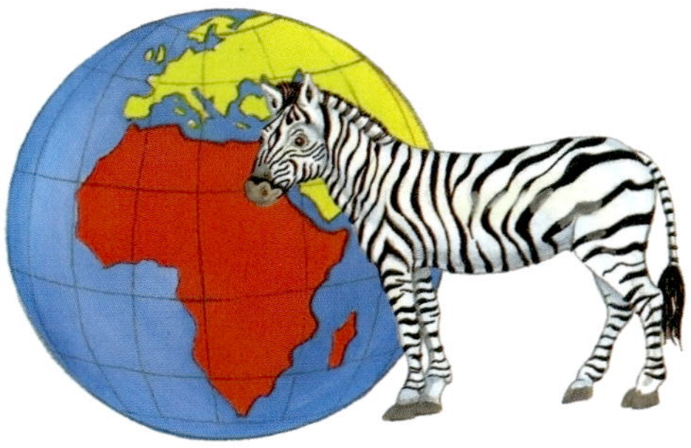

18-19 Afrika

Ozeanien 20-21

22-23 Die Antarktis